DE LA CHORÉE

SA DÉFINITION

DE SES DIFFÉRENTS TRAITEMENTS

ET SPÉCIALEMENT

DE SA CURE PAR L'HYDROTHÉRAPIE

PAR

ÉMILE DUVAL

Rédacteur en chef de la *Médecine contemporaine*, 8e série de l'Hydrothérapie
Directeur-fondateur de l'Établissement hydrothérapique de Chaillot,
Auteur de plusieurs Mémoires sur la cure par l'eau froide dans les maladies,
Membre de plusieurs Sociétés savantes, etc., etc.

———

PARIS

CHEZ L'AUTEUR

Rue du Dôme, 1 (place de l'Étoile, Champs-Élysées)

A LA LIBRAIRIE SAVY, 24, RUE HAUTEFEUILLE

ET CHEZ LES PRINCIPAUX LIBRAIRES

—

1866

DE LA CHORÉE

SA DÉFINITION, DE SES DIFFÉRENTS TRAITEMENTS

ET SPÉCIALEMEMT

DE SA CURE PAR L'HYDROTHÉRAPIE

Qu'entend-on par ce mot *chorée* ? L'idéal qu'il représente n'est pas exactement déterminé. On considère en général cette affection comme une névrose apyrétique et continue que caractérisent des mouvements convulsifs détruisant l'équilibre naturel des organes qui en sont le siége. Mais cette définition trop élastique peut s'appliquer à d'autres phénomènes analogues. Elle ne suffirait pas, par exemple, pour différencier la chorée de certains tremblements spécifiques ; c'est ce vague qui a fait englober sous cette désignation des états très-divers. M. Delasiauve, dans ses leçons à Bicêtre, se fonde sur un signe qui nous semble propre à faire cesser désormais toute confusion. Dans la chorée, en effet, suivant ce savant aliéniste, l'irrégularité convulsive tiendrait à une sorte d'influx maladif, qui, au moment de l'action volontaire ou automatique des muscles atteints, viendrait, s'y associant, en modifier la direction au repos immobile. La contraction, au contraire, s'opère-t-elle, elle se trouve déviée dans le sens d'une résultante formée du concours des impulsions directes ou anormales. Abaisse-t-on la paupière, par exemple, celle-ci, tiraillée d'un côté ou de l'autre, n'arrive au but que par des oscillations. Si c'est un membre, il perd toute précision, de façon que, pour se maintenir debout ou accomplir une action, les parties sont soumises à une jactitation bizarre, à un perpétuel travail de statique qui, à raison de la ressemblance, a fait donner à la maladie le nom de *chorée* ou *danse de Saint-Guy*.

Ainsi le désordre des mouvements n'apparaît ici qu'à l'occasion d'un mouvement quelconque. Dans le tremblement, c'est tout autre chose, car la force morbide agit alors par elle-même et indépendamment de la force naturelle. On voudrait en vain tenir la partie au repos, soit la tête, les mains, etc.; elle s'agite, malgré tout, sous la seule impulsion de la stimulation convulsive.

La distinction est donc radicale.

L'histoire témoigne de l'incertitude que nous venons de signaler. On a rangé le *tarentisme* parmi les variétés choréiques. Cette maladie, que l'on observe dans le midi de l'Italie, aurait régné épidémiquement dans la Pouille, aux xve, xvie et xviie siècles. Sporadiquement elle serait produite par la piqûre de la *tarentule*, sorte de grosse araignée très-multipliée aux environs de Tarente; de là lui viendrait son nom. Cette piqûre peut occasionner des dangers qu'on a beaucoup exagérés. Les accidents se bornent le plus souvent à une enflure locale sans gravité; au delà, le venin agit sur le système nerveux en général. Le tarentisme se propagerait aussi par imitation, donnant naissance aux épidémies. Mais il est probable que ces deux ordres de faits n'ont rien d'identique. En tout cas, ils s'éloignent également l'un et l'autre de la véritable chorée gesticulative, qui est purement mécanique, tandis que la saltation du tarentisme, exempte de troubles loco-moteurs et répondant à un besoin délirant, dépend d'une manie dansante.

Le *tigretier* ne diffère guère du tarentisme épidémique que par la contrée où il se manifeste, province de Tigre, en Abyssinie. Cette maladie, qui atteint de préférence les femmes, consiste dans une sorte de mélancolie suscep-tible d'amener le dépérissement et la mort, si elle n'est combattue efficacement. Le principal remède est la musi-que. Le son des instruments suscite une danse effrénée qui dissipe la tristesse et la langueur.

Au XIVe siècle, il s'est produit en France, à la suite de la *peste noire*, une de ces épidémies convulsives, dont le symptôme prédominant était la fureur de la danse, *choréo-manie*. La peine du fouet fut édictée contre les individus affectés de cette perturbation nerveuse. Un fléau du même genre sévit, en 1848, à Strasbourg et aux environs. Les malades parcouraient la ville par bandes. On avait enré-gimenté, pour les accompagner, des musiciens et des sur-veillants, afin de régulariser leurs accès et d'en prévenir les écarts. Metz eut aussi ses choréomanes, en 1418. « Ce fut chose merveilleuse, dit un chroniqueur, que, dans la ville et en plusieurs lieux, beaucoup dansaient du mal de Saint-Jean ; le plus grand nombre étaient des jeunes gens et des femmes. Ils dansaient tant et si longuement qu'ils n'en pouvaient plus et tombaient quasi comme morts. Il en vint beaucoup à Metz, mais on les fit mener hors, avec défense de rentrer dans la ville. »

On parle en ce moment, grâce surtout aux travaux re-
marquables de M. Duchesne, de Boulogne, d'ataxie locomotrice. Sous le nom de *scelotyrbe* ou *chorée des membres
inférieurs*, les anciens ont décrit des symptômés qui ne
sont pas sans analogie avec ceux de cette affection de
fraîche date. L'état général dont ils s'accompagnaient re-
présentait aussi assez exactement le scorbut moderne.
Cette variété choréique a sévi dans les armées romaines.
Elle consistait, pour Galien, dans une espèce de paralysie
qui forçait le malade à tourner le corps, en marchant,
tantôt de gauche à droite, tantôt de droite à gauche; souvent, ne pouvant lever le pied, il le traînait. Dans cette si-
tuation, le tremblement affectait la totalité des membres
inférieurs.

Quelques médecins ont appelé *chorée électrique*, d'autres, en raison de complications fréquentes, *typhus céré-
bral convulsif*, une maladie qu'on n'aurait jusqu'ici observée qu'en Lombardie. Des secousses rapides, rhythmées,
cadencées, se succèdent régulièrement au nombre de 20,
40 ou 80 par minute; puis, à des intervalles divers, se
joignent à ces phénomènes de violents accès épilepti-
formes, avec ou sans perte de connaissance. Communé-
ment, dans les parties atteintes, le trouble musculaire dégénère en paralysie progressive. Les centres nerveux peuvent enfin devenir le siége de graves lésions donnant lieu
à tout le cortége des symptômes typhoïdiques : assoupis-
sement, *subdelirium*, sécheresse et fuliginosité des na-
rines, des lèvres, des dents, etc. Ne serait-ce pas une des
nombreuses formes sous lesquelles se manifeste le mal
caduc? Les salles d'épileptiques présentent certains exemples qui se rapprochent beaucoup de ceux qu'on donne
comme exclusifs à la Lombardie.

Du reste, cette variété, comme les précédentes, ne saurait être confondue avec la chorée typique si bien établie par Sydenham au XVIIᵉ siècle. La chorée de Saint-Witt, au XIᵉ siècle, n'était autre que la choréomanie ou manie dansante.

Othon Brunstett, en 1454, la comparait au corybantisme. Schenck de Grafenberg (1585), Félix Plater (1602), Horst (1623) s'en formaient la même opinion. Ainsi encore de Rodolphe Camérarius, Sennert, Willis, Sauvage, et parmi les auteurs contemporains, de MM. Hecker, Alf. Maury, Delasiauve, Moreau (de Tours), Lasègue, etc. Bouteille, Berut, J. Franck ont, de leur côté, avec raison, envisagé comme distincts ces tremblements ou secousses rhythmiques consistant en une suite de mouvements irrésistibles, mais au moins réguliers ou coordonnés.

Le mot n'est donc pas la chose. En ce qui nous concerne, nous ne reconnaissons ici et ne voulons décrire que la *chorée gesticulatoire*, ou danse de Saint-Guy, dont nous avons au début spécifié les caractères parfaitement tranchés, du moins dans la définition; c'est-à-dire, cette névrose apyrétique, plus ou moins générale ou partielle, dans laquelle la vacillation bizarre et forcée, qui nécessite un équilibre incertain, résulte de la déviation spasmodique des mouvements naturels, volontaires ou non, occasionnés par l'influence morbide.

Causes.

Elle est particulière aux enfants de six à quinze ans. Baron ne l'a jamais vue au-dessous de cet âge. Les adultes n'en sont pas néanmoins exempts. M. Blache ignore si on l'a observée chez les vieillards. Les documents sont insuffisants pour établir le degré d'influence de l'hérédité mentionnée par divers médecins, Elliotson entre autres. M. Rufz conteste également l'opinion de Bouteille relative à la puberté. Les cas sont aussi nombreux de six à dix ans que de dix à quinze. Le même auteur serait porté à croire que la chorée, en Europe, sévirait dans les contrées du nord plus que dans celles du midi. Il résulterait, toutefois, d'une statistique faite à l'hôpital des Enfants que les mois les plus chauds coïncident avec des admissions plus considérables.

Parmi les causes occasionnelles, on cite comme très-active la frayeur. La colère, les vives contrariétés, la jalousie, la masturbation, la suppression des règles, les vers, des chutes sur la tête ont paru quelquefois déterminer les accidents. Ceux-ci ont encore suivi les attaques d'hystérie et d'épilepsie, ou se sont déclarés dans le cours d'une péricardite, et après de graves affections intestinales. L'efficacité de l'imitation est, enfin, l'objet d'une croyance très-répandue, bien que jusqu'ici on n'ait eu, à Paris, de preuve de cette contagion que, il y a quatre ans à peine, quatre ou cinq jeunes malades du service de M. Monneret.

Symptômes.

Le début est variable. Tantôt les phénomènes se dessinent rapidement; d'autres fois l'invasion ostensible est précédée d'une sorte d'incubation plus ou moins prolongée pendant laquelle on n'observe qu'une vacillation incertaine, de la susceptibilité morale et de l'hébétude. Chez plusieurs sujets la plupart des muscles

sont atteints; chez d'autres le mal se limite à une région
déterminée, à un côté du corps, aux membres inférieurs
ou supérieurs, à la face ou même à des points plus cir-
conscrits encore. On peut, en conséquence, et d'après la
définition que nous avons donnée, se figurer d'avance
toutes les nuances de jactitation, de contorsion et de gri-
maces que peuvent présenter les choréiques selon le siége
et la complexité des parties soumises à l'influence morbide. Quand ce sont les jambes, on a la danse de Saint-Guy
dans toute sa pureté. Si ce sont les bras, impossible de
saisir, de porter, de faire rien avec précision. Il n'est pas
rare que l'exercice de la parole, de la déglutition et de la
phonation soit entravé par l'envahissement de la langue,
du pharynx et du larynx. Dans ce dernier cas, on aurait
vu une sorte d'aboiement remplacer la voix articulée.

L'intelligence peut rester intacte; mais, ainsi que l'ont
observé Bouteille, M. Moynier, etc., le plus souvent, spécialement chez les enfants, elle est légèrement voilée, ce
qu'exprime la teinte d'embarras et de mélancolie répan-
due sur le visage. Le malade devient capricieux, bizarre,
irritable, inapte; il rit et pleure sans motifs; sa mémoire
est confuse. On cite même des impressions hallucinatoires
susceptibles de provoquer des propensions lypémaniaques
et suicides. Dans une note à l'Académie de médecine,
M. Marcé, il y a quelques années, a insisté sur ces ano-
malies physiques.

Marche, Durée, Terminaison.

Dans certains cas la chorée affecte un cours continu,
ayant ses phases d'augment, d'état et de déclin, si elle
doit disparaître. Très-souvent aussi on y observe une

alternative d'exacerbations et de rémissions, voire même
de suspensions complètes, dont les praticiens trop con-
fiants se prévalent prématurément. La récidive arrive au
moment où l'on croyait tenir le succès.

En général la terminaison est favorable. La guérison
est une question de temps, variable entre quinze jours et
plusieurs mois. Ce n'est qu'exceptionnellement que la
chorée dégénère en une affection chronique incurable.
M. Delasiauve nous a dit avoir eu de ces cas malheureux
dans sa division des enfants, à Bicêtre. La section des
adultes possède aussi des exemples plus ou moins com-
pliqués d'attaques convulsives, de tics, de paralysies et
de contractions partielles ou d'aliénation mentale. Beaucoup de choréiques conservent dans leur convalescence,
ou même indéfiniment, des spasmes nerveux et des sin-
gularités morales.

Presque toutes les morts sont dues à des complications.
Duges, Ollivier (d'Angers), Gherard (de Philadelphie),
M. Rufz, M. Hache, M. Rostan ont fait des autopsies qui
n'ont fourni que des résultats négatifs. Dans trois cas,
Prichard aurait rencontré une accumulation séreuse dans
le canal rachidien. M. Serres signale, dans quatre autres,
des altérations des tubercules quadrijumeaux. Chez deux
sujets, M. Monod a constaté une congestion hypertro-
phique de la couche corticale du cerveau. L'hypertrophie
aurait, chez des choréiques observés par M. Hutin, porté
sur la partie antérieure de la moelle épinière.

Il est difficile, on le voit, d'assigner un siége à la maladie et de la considérer, quant à présent, autrement que
comme une simple névrose. Les lésions dépendraient, selon toute vraisemblance, des conséquences indirectes de
la chorée plutôt que de la chorée elle-même.

Après les développements qui précèdent, nous n'insisterons pas sur le diagnostic différentiel. Les éléments par nous indiqués rendent également très-sensibles la différence entre cette affection, l'ataxie locomotrice et les désordres provenant de maladies caractérisées de la moelle. Ce qui importerait, d'ailleurs, au traitement, ce serait d'établir les espèces de la chorée elle-même, en raison des diversités étiologiques et anatomo-pathologiques. La science, malheureusement, n'est pas assez avancée pour reconnaître si et quand il y a chorée idiopathique, symptomatique et sympathique. Nous reviendrons brièvement sur ce point à propos du traitement.

Traitement.

M. G. Sée, qui a publié en 1851 un remarquable Mémoire sur *la Chorée et les affections nerveuses en général*, veut « que l'on reconnaisse, sous la forme de chorée, deux genres d'affections parfaitement distinctes entre elles quant à leur origine, quant à leur nature, savoir : des chorées essentielles, et d'une autre part, des chorées symptômatiques qui, loin de constituer une névrose, ne pourraient et ne devraient plus être considérées que comme des états nerveux placés sous la dépendance d'une autre maladie, c'est-à-dire comme une réunion de symptômes. Or, parmi les maladies qui prennent le plus souvent le masque de chorée, le rhumatisme doit être compté en première ligne. » C'est, en effet, M. Sée qui, le premier, fit coïncider le rhumatisme avec la chorée.

Dans beaucoup de cas cette relation est réelle. Mais quant au diagnostic différentiel des espèces, nous répèterons ce que nous avons déjà dit, que la science, malheureusement, n'est pas assez avancée pour reconnaître si et quand il y a chorée idiopathique, symptômatique et sympathique.

Les traitements ont varié suivant les idées que chacun s'est faites de la nature de l'affection.

Supposant une irritation des centres nerveux, notamment des parties supérieures de la moelle épinière, M. Serres prescrivait des sangsues à la base du crâne; Dupuytren, des affusions d'eau froide sur la tête, le dos et le tronc. Dans un but de révulsion basé sur un état analogue, M. Chrestien (de Montpellier) employait les frictions sur le rachis avec le liniment de Rosen ainsi modifié :

Alcool de genièvre	125 grammes.
Huile essentielle de girofle } āā 5 —	
Baume de muscade	

D'autres médecins ont eu recours, dans la même région cervicale, à la pommade stibiée, aux vésicatoires (Franck), aux cautères (Richerand, Prichard), au séton (Dr Crawford).

On lit dans *l'Expérience*, dont notre ami M. le Dr Raciborski a été longtemps le spirituel rédacteur, une observation du Dr Daniel Kennedy, qui guérit une jeune fille de treize ans au moyen d'un large vésicatoire appliqué sur le sacrum, lequel fit venir les règles.

Ces différents moyens n'ont qu'une valeur secondaire. On peut mettre au même niveau l'incision du cuir chevelu et la compression des muscles; celle-ci jouit cependant de quelque crédit en Allemagne et en Angleterre, où l'on aurait constaté d'heureuses cures, notamment dans les formes bénignes. On procède à l'immobilisation des muscles par des liens fixés sur des planchettes. L'amélioration ne tarderait pas à se faire sentir.

Dehaen (de Vienne) aurait eu à se louer de l'électricité. On soutire des étincelles de la région dorsale où l'on produit des commotions à l'aide soit de la pile, soit de la machine électrique ou de la bouteille de Leyde. Deux chorées, dont l'observation est consignée dans le tome Ier de *l'Expérience*, ont été guéries par ces applications.

Dans son service des hôpitaux, M. Bouchut aurait, non sans succès, maintenu sur les membres des armatures métalliques en laiton. Quand la guérison est rapide et complète, il y a simultanément production d'anesthésie.

Plusieurs malades du service de l'honorable M. Briquet, à la Charité, se sont bien trouvés de la faradisation cutanée. La douleur qu'elle occasionne a fait dire à M. Blache qu'on ne devrait guère l'employer que dans les cas graves. Voici en quoi, la chloroformation préalablement obtenue, se résume l'opération : faradiser la peau pendant 5 à 6 minutes, tous les jours ou tous les deux jours, sur toute la longueur des muscles convulsés, et spécialement sur les plus agités.

Le docteur Nieberg préconise le nitrate d'argent. Il aurait guéri, entre autres, une chorée datant de quatre ans, et qui avait résisté aux traitements les plus variés. Sa formule est celle-ci :

Pr. Nitrate d'argent 15 centigr.
    Eau distillée 45 grammes.

A prendre par cuillerées à café, en progressant de 3 à 7 par jour.

Autrefois en vogue, la noix vomique et la strychnine sont aujourd'hui à peu près abandonnées. On en devait l'introduction à MM. Rougier et Foulhioux. Le sulfate de strychnine était préféré. On l'incorpore dans un sirop simple en proportion de 5 centigrammes pour 100 grammes. La dose de ce sirop est d'abord de 10 grammes divisés en 3 ou 4 prises dans les vingt-quatre heures. On la porte graduellement à 20 grammes, jusqu'au moment où se manifestent des démangeaisons à la tête et de légères raideurs musculaires. On oscille ensuite, selon l'effet produit, pour redescendre et cesser lorsque la maladie semble définitivement conjurée.

M. Foulhioux avait fait choix des pilules. La dose quotidienne était de 1 à 4 centigrammes. Plusieurs observations ont été publiées par lui.

Le docteur Hochstelter (Allemagne) aurait utilisé contre la chorée la racine du *plantago alisma*. Autant que possible, cette racine doit être récoltée au printemps et à l'automne ; on ne la pulvérise qu'au moment de s'en servir. De 50 centigrammes, matin et soir, on monte graduellement à une, deux, trois et quatre cuillerées à café par jour : seulement, le traitement dure plusieurs mois.

D'autres succès auraient été réalisés par le docteur Kirkbride avec l'*actœa racimova* (de Wildenoh), *cimifuga* de Nectall ; par le docteur Wildreth avec l'emploi combiné des purgatifs, des toniques et du sulfate de quinine ; par le docteur Odoard Pandolfi avec la thériaque. Celle-ci, jointe au sous-carbonate de fer, à la danse et à la gymnastique, aurait contribué à guérir une jeune fille vainement traitée par toutes sortes de remèdes.

La presse médicale belge a beaucoup prôné les pilules de Debreyne, ainsi composées :

Pr. Camphre et assa fœtida, āā   12 grammes.
    Extrait de belladone   4   —
    — d'opium   1   —
    Sirop de gomme   q. s.

Pour 120 pilules à prendre de 1 à 4, progressivement, dans la journée.

A ces pilules nous joindrons les pilules sédatives de Guenther. Parmi les traitements plus généraux figurent encore les antispasmodiques, notamment la valériane et la belladone; les petites saignées réitérées par la veine, les sangsues ou les ventouses; les bains ou fumigations aromatiques recommandés par Thompson, Franck et Scheffer; les bains russes avec sudation; les purgatifs, les stimulants comme la strychnine, etc., etc. Les antispasmodiques, les anthelminthiques, le chloroforme, les narcotiques ont quelquefois modifié avantageusement la variété dite *chorée électrique.*

On a aussi été guidé par des indications spéciales. M. Venot (de Bordeaux) rapporte un cas de chorée survenu pendant une médication antisyphilitique et qui disparut par la cessation du traitement mercuriel.

Au dire de M. Bouchut, plusieurs chorées vermineuses ont été guéries par la santonine. M. Piorry a opposé victorieusement le sulfate de quinine à une chorée périodique. Enfin, M. Labric a produit des observations où des chorées rhumatismales ont cédé à l'emploi du tartre stibié à hautes doses.

Plusieurs méthodes se partagent aujourd'hui plus particulièrement l'attention. Avant d'aborder la médication hydrothérapique, disons un mot des principales.

La première en titre est, par l'émétique, celle du regretté Gillette, médecin de l'hospice des Enfants.

Elle consiste à administrer d'heure en heure, ou toutes les deux heures, une cuillerée à dessert d'une potion gommeuse contenant, pour 125 grammes de liquide, 20 centigrammes de tartre stibié. On ajoute, comme auxiliaires, les bains sulfureux et la gymnastique. Ce traitement s'échelonne par séries : trois jours de remèdes, trois jours de repos. Sa moyenne a été estimée à 17 jours.

Après l'émétique est venu l'acide arsénieux, que M. Aran avait adopté et que MM. Romberg et Pereira regardent comme un spécifique. M. Rees ne lui connaît pas d'inconvénient, moyennant une administration prudente. Généralement on débute par une faible dose, 1/2 milligramme, par exemple. Quelques médecins font toutefois exception. M. Boudin prescrit d'emblée des quantités assez fortes. Aran, chez les enfants de 7 ans, commençait par 3 milligr., même dans certains cas par 5 milligr. et 1 centigr.; Rees par 6 et 8 milligr. en deux fois, matin et soir. Chez l'adulte, la dose qui inaugure le traitement est habituellement de 5 milligr. à 1 grain; mais on augmente rapidement afin d'arriver promptement en cinq jours chez l'enfant à 1 centigr. et 1 centigr. et demi, chez l'adulte à 2 ou 3 centigr. La solution dont Aran faisait usage était celle-ci :

Pr. Acide arsénieux   5 centigrammes.
     Eau distillée   500 grammes.

C'est-à-dire 1 centigr. par 100 grammes, 2 milligr. et demi pour 25 gr. Une cuillerée d'augmentation chaque jour porte ainsi la dose en cinq jours à 1 centigr. et demi, quantité qu'on ne doit pas dépasser.

M. Rice (*Medicinisch chirurgisch*) assimile pour l'efficacité l'arsenic au sulfate de quinine dans les fièvres intermittentes. Sa prédilection est pour la liqueur de Fowler, et il ne néglige point concurremment les autres moyens que l'état du malade peut exiger. La durée de la cure varie entre deux et six semaines.

MM. Darwin et Mason Good ont les premiers employé la gymnastique, mais c'est à Louvet-Lamarre que l'on doit l'application des exercices musculaires; MM. Guersant et Blache en retirent de bons résultats. On doit d'abord prescrire des mouvements simples et cadencés, et exercer en même temps le larynx au moyen du chant, faire tenir le patient dans une position verticale, lui faire fléchir et étendre les genoux, frapper le sol, allonger ou plier les bras, en harmonisant tous ces mouvements dans des chants réguliers, etc.

Dans son travail sur *la Chorée et les affections nerveuses en général*, M. Sée donne d'excellents préceptes sur la gymnastique appliquée à ces maladies. Le moyen peut être combiné, selon les individus, avec les bains sulfureux, les préparations ferrugineuses, etc. M. Sée accorde spécialement aux bains sulfureux une grande confiance. Baudelocque fut le premier qui les employa. MM. Barthez et Rillet en obtinrent de bons résulats. Pour les préparer, on fait dissoudre 120 grammes de sulfure de potassium dans huit voies d'eau à 26° Réaumur. On les renouvelle tous les jours, et le malade y reste une heure au moins. Durée moyenne de la cure, 22 jours.

Sans contester la valeur des médications dont nous venons de faire l'énumération, nous allons voir que les résultats obtenus par l'hydrothérapie méthodiquement administrée sont supérieurs encore.

Cure de la chorée par l'eau froide.

On a, plus ou moins, de tout temps été partisan de ce moyen. Sans entrer ici dans des détails historiques qui trouveront naturellement leur place dans notre traité, nous citerons cependant, par anticipation, quelques noms qui font autorité. Le docteur Baynard (*Histoire des bains froids*) se montre enthousiaste de l'eau dans les maladies. Sennert l'appelait le *baume des enfants*. Elle était pour Hoffmann, le célèbre professeur de l'université de Halle, en Saxe, le *remède universel*. Une foule d'autres auteurs lui ont reconnu de semblables vertus. Prat (*des Eaux minérales de Bourbonne*); Hoyer (*des Bains froids*); Celse; Primerose (*des Erreurs populaires*); Olivier (*Traité sur les fièvres*); Wrainwrigt; Cook (*Observations sur le tempérament des Anglais*); Boerhaave; l'Ecossais Pitcarn, professeur à Leyde; Gédéon; Harvey; Curtis (*Essai sur la conservation et le rétablissement de la santé*); Hancock (*Febrifugum magnum*); Sylvaticus; Martianus (*Commentaires sur Hippocrate*); Rondelet; Hecquet (*Explications physiques et mécaniques des effets de la boisson dans la cure des maladies*); Crescenzo (*Ragionamenti intorno alla nuova medicina dell' aqua*); Lecamus (*la Médecine de l'esprit*); Nicolas Venette (*de la Génération de l'homme*) : il prétendait que les buveurs d'eau étaient plus amoureux et vivaient plus longtemps que les autres hommes; L. C. H. Macquart (*Manuel sur les propriétés de l'eau, particulièrement dans l'art de guérir*); Frier; G. Hufeland; Willick (*Hygiène domestique*); Hallé; Nysten; Percy (*Dictionnaire des sciences médicales*), et Tourtelle (*Eléments d'hygiène*), etc., etc.

Ces noms, on le voit, appartiennent aux pays les plus

divers. L'eau, en tout lieu et en tout temps, a été considérée comme un remède donné par la nature. Les Canadiens jouissaient de la réputation de vivre vieux et à l'abri d'infirmités : ils eurent ce privilége tant que l'eau fut leur boisson exclusive; maintenant que l'usage des boissons fermentées est répandu parmi eux, ils sont, comme les autres peuples, sujets aux maladies et à la mort prématurée. Si les Turcs peuvent entretenir plusieurs femmes ils le doivent, dit-on, à leur abstinence des spiritueux. En Grèce, chez les Romains, l'eau était une panacée universelle. Plusieurs grands génies en eurent le culte : Démosthène, Locke, Haller ; et, de nos jours, n'est-ce pas le témoignage de ce que peut sur nos facultés ce breuvage salutaire que de citer notre fécond et spirituel romancier Alexandre Dumas?

Parmi les médecins, Dumangin fut un des premiers qui combattirent la chorée par l'eau froide. Bientôt il fut imité par Bayle et Jadelot. Notre grand chirurgien Dupuytren, aux leçons de qui on se pressait en foule, usait largement de l'immersion et des affusions sur la tête et le tronc. L'effet était surtout prompt dans un bain rempli de glaçons.

Ces traditions s'étaient effacées. M. Sée les a fait revivre à l'hôpital des Enfants, dont il a été l'un des médecins. M. Blache a suivi son exemple. Malheureusement, il est difficile de réaliser dans un grand hôpital les conditions favorables des établissements particuliers.

Il n'y a point pour nous de saison élective. Nous administrons l'eau froide avec autant d'avantage dans l'hiver qu'aux autres époques de l'année. Nous dirons même que les temps rigoureux sont ceux où nous remarquons les cures les plus promptes. Soit débilité des jeunes sujets, ou insuffisance des précautions dans les applications hydrothérapiques, nos confrères de l'hôpital des Enfants se sont vus forcés, par suite de complications, de renoncer à leurs tentatives, spécialement l'hiver.

En Allemagne, Priesnitz pratiquait successivement l'immersion, l'enveloppement dans le drap et les frictions avec le drap mouillé. Suivant Schœdel, la chorée serait traitée fructueusement à Græfenberg. « Je fus témoin, dit-il, de plusieurs cures; d'une, entre autres, remarquable : celle d'une femme de 16 ans, malade depuis deux ans et qui guérit en moins de six semaines par les moyens qu'employa Priesnitz. » Bright préférait les bains d'ondées; Biett, les bains de pluie.

M. Delmas (de Bordeaux), parmi des choréiques qui durent à l'eau froide la guérison de leurs accidents, mentionne un enfant de 8 ans, atteint d'une chorée aiguë généralisée dont le début remontait à un mois. Le traitement dura quinze jours. Il en fut de même d'une jeune fille dont la maladie était récente. Chez un jeune homme malingre, rachitique, dont le mal dépendait de l'onanisme, la cure s'opéra dans l'espace d'un mois. M. Delmas pense, d'après les résultats qu'il a obtenus, qu'on réussirait aussi bien chez les adultes, si l'impatience ne les empêchait pas de suivre avec persévérance le traitement dans toute sa rigueur. Cette remarque est parfaitement fondée et nous avons eu, comme M. Delmas, des occasions fréquentes de la faire. Il nous arrive souvent de vieux choréiques qui, s'ils n'obtiennent pas un mieux sensible au bout d'un mois à six semaines, se désespèrent, perdent la confiance et nous quittent. En somme, pour les chorées récentes, l'hydrothérapie est un remède souverain; elle serait vraisemblablement encore le meilleur moyen à conseiller dans les cas invétérés, mais à condition d'une grande patience.

A Rouen, M. Bottentuit se loue également de l'eau froide contre la chorée. Il cite notamment une jeune fille dont les muscles du cou étaient spécialement compromis. Les mouvements continus d'extension, de flexion et de rotation donnaient à la physionomie l'aspect le plus disgracieux. Trois semaines suffirent à la guérison.

Dans le *Journal de Toulouse* (5 octobre 1864), M. Villars rapporte à son tour d'intéressantes observations. Il s'est servi du drap mouillé avec de l'eau à 6 ou 8° : le malade saisi au saut du lit, on laisse le drap pendant 10 ou 15 secondes, plus particulièrement sur la colonne vertébrale et les membres convulsés, et ensuite on frictionne.

Un de nos médecins les plus distingués des hôpitaux, M. Bergeron, s'est promptement rendu maître par l'eau froide d'une chorée compliquée d'hallucinations ; l'observation a été publiée dans la *Gazette des Hôpitaux*, par le fils d'un savant confrère, M. le docteur Duchesne, alors interne dans le service de M. Bergeron.

Voici cette observation :

G... (Léon), âgé de treize ans, entre le 28 novembre 1860 à l'hôpital Sainte-Eugénie, salle Saint-Joseph, 20, service de M. le docteur Bergeron.

Cet enfant, qui a déjà été dans le même service, il y a quelque temps, pour une fièvre typhoïde, est allé passer six semaines à la maison de convalescence de la Roche-Guyon.

Pendant son séjour dans cette maison, l'enfant ne présenta rien de particulier. Il revint dans un état de santé aussi satisfaisant que possible.

Le lendemain de son arrivée, c'est-à-dire le 27 novembre, sa patronne remarqua, dit-elle, quelques légers mouvements convulsifs dans les membres.

Le 28, à neuf heures et demie du matin, les accidents augmentèrent. L'enfant portait brusquement sa main droite à son menton, le frappait avec violence et répétait sans cesse *na*. Il avait parfaitement conscience de tout ce qui se passait autour de lui, mais se plaignait de ce que ses camarades se moquaient de lui. A une heure et demie il fut pris de délire, et tenait des propos incohérents. A quatre heures, moment auquel on nous l'amène à l'hôpital, sa chorée persiste avec la même intensité; il est furieux, il ne peut rester en repos sur sa chaise. Il veut chasser quelqu'un; il lui enjoint de s'éloigner au plus vite. Sa figure est congestionnée, couverte de sueur. Du resté, apyrexie complète. Il répond avec intelligence, mais par saccades, aux questions que nous lui posons.

Cet état d'excitation, très-marqué à l'arrivée du malade dans la salle, diminue un peu au bout d'une demi-heure, sans cependant cesser d'être aussi caractéristique.

Mes collègues, auxquels je montre ce malade, sont de mon avis quant au diagnostic et au traitement. Je lui prescris donc immédiatement une douche en pluie.

L'enfant, en entrant dans la salle des bains, un peu obscure à ce moment, éprouve un sentiment de frayeur; il ne veut pas avancer. Quelques instants plus tard, le bruit de l'eau qui s'échappe du robinet lui cause un certain émoi. Il ne se soumet qu'avec beaucoup de peine à recevoir la douche. Sa respiration est haletante; il croit qu'on va lui faire du mal, dit-il. Néanmoins on parvient à lui administrer une douche en pluie d'une minute et demie.

Aussitôt après, les mouvements désordonnés que présentait l'enfant cessent complétement, sauf encore un peu de chorée des muscles du pharynx qui persiste; mais revenu à la salle, tout disparaît, et il ne se manifeste plus aucun mouvement choréique. Le malade parle très-franchement, mais ne peut expliquer l'origine des accidents qu'il a éprouvés. Il demande à manger. Le soir, il s'endort et ne présente pendant son sommeil aucun mouvement choréique.

Le 29, l'enfant est extrêmement calme, mais prononce encore, quoique à de très-rares intervalles, *na*. On remarque à peine quelques légers mouvements choréiques dans les membres.

A dix heures du matin, douche en pluie d'une minute et demie.

Le malade se trouve très-bien toute la journée; seulement le soir, à cinq heures, il éprouve un peu de difficulté à boire, ou plutôt à avaler.

Le 30, encore quelques mouvements très-légers et très-rares dans la tête. On n'en observe pas dans les membres. — Douche d'une minute et demie.

Le 1er décembre, même état; on suspend les douches.

Le 2, l'enfant reste levé toute la journée, .et est très-calme. — Bain tiède.

Le 3, les mouvements ont entièrement cessé.

Le 5, la guérison se maintient.

Le 6, l'enfant étant complétement guéri, nous lui donnons son *exeat*, en lui recommandant de revenir de suite à l'hôpital s'il lui survenait encore des mouvements.

Cette observation, quelque courté qu'elle soit, nous a paru intéressante à plusieurs points de vue; d'abord à cause de l'explosion brusque et sans cause appréciable des accidents, de leur peu de durée, de la guérison presque subite au moyen de l'hydrothérapie; ensuite par cette forme bizarre de la chorée, où le malade se frappe violemment le menton, ce qui se rapporterait assez bien à ce que Tulpius désigne sous le nom de *malleatio*.

Nous devons enfin à l'obligeance de M. Moreau (de Tours), médecin des aliénés à la Salpêtrière, qui, depuis longtemps, nous honore de sa confiance et de ses sympathies, un exemple saillant dont voici l'observation recueillie par M. Peulevé, interne du service :

La nommée J. F., âgée de 21 ans, couturière, entre à la Salpêtrière le 14 septembre 1864.

Interrogée au point de vue de l'hérédité, elle raconte que sa famille est exempte de diathèse. Père très-bien portant. La mère cependant est morte d'un asthme.

Quant à la malade elle-même, elle est d'une constitution moyenne, d'un tempérament nerveux, très-excitable. Sa jeunesse se passa sans maladies. A 14 ans ses règles apparurent, mais elles se firent remarquer depuis par leur irrégularité, tant dans leur apparition que dans leur abondance.

Il y a trois ans, à la suite d'une peur violente qu'elle ressentit à la vue d'une chaudière qui éclata près d'elle, elle tomba en poussant un cri, fut prise de quelques convulsions sur la nature desquelles il est impossible de s'édifier, mais qui durèrent peu et ne se renouvelèrent pas depuis.

L'an dernier, elle devint enceinte et accoucha le 4 mai de cette année à l'hôpital Necker. Tout se passa de la façon la plus satisfaisante. Elle éprouva seulement après ses relevailles quelques douleurs vagues dans les hanches. On ne peut savoir exactement si ce sont des douleurs articulaires.

Enfin, deux ou trois mois après ses couches, il y a maintenant six semaines, son caractère changea en peu de temps ; elle devint colère, irrascible, bizarre dans ses idées, qui ne tardèrent pas même à se porter vers le suicide ; l'appétit néanmoins était conservé, les fonctions s'exécutaient bien.

Vers cette époque elle s'aperçut que, à de rares intervalles, et sans cause connue, son bras gauche éprouvait quelques mouvements involontaires ; sa profession de couturière lui valut alors de fréquentes piqûres ; peu à peu ces mouvements cloniques devinrent plus fréquents, s'étendirent même quelque peu à la jambe du côté gauche. Rien à droite.

Au milieu de ce début de maladie, elle fut vivement impressionnée par l'apparition d'un individu qui pénétra chez elle en sautant par la fenêtre. Cet incident donna comme un coup de fouet à l'affection qui débutait. En effet, très-peu de jours après, les mouvements cloniques étaient devenus incessants d'abord dans tout le côté gauche, puis avaient ensuite envahi le bras et la jambe droits et la face ; les yeux roulaient rapidement dans l'orbite ; les mâchoires s'ouvraient et se fermaient, se déviaient convulsivement à droite et à gauche ; la langue fut mordue plusieurs fois, les joues étaient dilacérées. En même temps ses bras se fléchissaient, s'étendaient, rendant l'acte de la préhension tout à fait impossible, surtout du côté gauche. Impossible à la malade de se tenir debout ; les jambes fuyaient subitement sous elle ; tous ces mouvements persistaient même dans le décubitus, plus étendus toutefois dans les bras que dans les jambes, et du côté gauche que du côté droit.

Pendant la nuit, repos complet. Au moindre réveil, réapparition de tous ces phénomènes.

Au milieu de tous ces troubles, aucune altération de la sensibilité ; et, fait singulier, tous les troubles intellectuels ont disparu avec l'apparition du summum des phénomènes pathologiques.

C'est dans cet état qu'elle entra à l'hôpital Saint-Antoine, où elle fut traitée par les bains sulfureux et les toniques. Elle en sortit au bout de quatorze jours, améliorée, pour rentrer deux jours après, le 14 septembre, à la Salpêtrière, dans l'état suivant : chorée très-prononcée de tout le côté gauche, quelques rares mouvements du côté droit. Si l'on fait étendre les bras de la malade, elle ne peut les tenir dans cette position; le droit seul y reste imparfaitement. Elle se tient difficilement debout, et a recours à un poteau. Malgré le soutien de ce dernier, elle tombe à terre, si on la fait se tenir à cloche-pied sur la jambe gauche. La face est animée de nombreuses convulsions. La parole est très-embarrassée, la langue n'obéit qu'imparfaitement à la volonté.

A l'auscultation du cœur, on entend un bruit de souffle chlorotique; en même temps les bruits sont irréguliers, parfois saccadés, parfois ralentis; le pouls suit toutes ces variations. En un mot, il y a une véritable chorée du cœur. Pas de troubles intellectuels, sinon une précipitation très-marquée dans le langage.

Le 16 septembre, la malade est mise au traitement des douches vertébrales, comme les fait administrer depuis longtemps M. Moreau (de Tours). Le jet est dirigé d'abord sur les parties les plus agitées (côté gauche du corps, membres supérieurs et inférieurs; et enfin on le promène jusqu'à rubéfaction de la peau sur toute la colonne vertébrale.

Le 17, même état, même traitement.

Dès le 18, amélioration manifeste. Plus de mouvements du côté droit. Plus de convulsions de la face. Seuls, le bras et la jambe gauche sont agités.

Le 22, la malade n'a aucun mouvement anormal, quand on l'examine sans qu'elle s'en aperçoive. Ses mouvements volontaires sont seulement un peu plus précipités que dans son état normal. Si on attire son attention, l'émotion ramène quelques mouvements rares, à gauche, dans le bras.

Le 24, la malade n'éprouve plus un seul mouvement involontaire. L'émotion elle-même ne les ramène pas.

Le traitement est continué.

Le 5 octobre, la malade est parfaitement portante et n'a rien éprouvé depuis le 24. Elle s'occupe à ses travaux de profession, s'est mise à coudre. Elle a un caractère fort doux.

Cette observation est remarquable à plus d'un titre. Nous nous contenterons d'appuyer sur les points qui suivent :

1° Le début de la maladie qui s'est fait lentement et sans cause connue ;

2° La rapidité avec laquelle elle a atteint son summum, sous l'influence d'une émotion vive ;

3° Le haut degré d'intensité auquel elle est arrivée, tant sous le rapport de la généralisation progressive des symptômes que sous le rapport de leur violence ;

4° Et, comme pour faire opposition à la proposition précédente, la rapidité avec laquelle elle a cédé sous l'influence de l'hydrothérapie méthodiquement administrée.

Parmi les exemples de choréiques traitées dans notre établissement, nous mentionnerons spécialement les deux faits suivants, qui offrent un intérêt particulier. L'eau froide, dans chacun d'eux, a été diversement administrée ; nouvelle preuve de la nécessité de tenir compte des indications et de se gouverner d'après l'expérience.

Première observation. — Mademoiselle X..., âgée de 14 ans, affectée d'une déviation latérale de la colonne vertébrale pour laquelle elle a subi un traitement dans l'établissement orthopédique de mon père : petite, grosse, jouissant d'une bonne santé, d'un tempérament bilioso-sanguin. Elle fut atteinte au mois de septembre 1858 d'une chorée généralisée ; règles irrégulières et peu abondantes. Emétiques, émissions sanguines, opiacés, les préparations arsenicales vantées par M. Boudin, tout, la gymnastique comprise, fut employé, mais sans succès, par mon père.

Dès lors, et de l'avis de notre si regretté ami Londe, mon père me confia cette jeune malade pour la soumettre à l'hydrothérapie. Le mouvement convulsif occupant tous les membres affectait plus spécialement le côté gauche : physionomie mobile, grimacement de toute la figure ; la bouche se ferme et s'entr'ouvre, les yeux clignotent, le front se plisse et se déplisse alternativement. Station incertaine, bras perpétuellement agités, prononciation diffuse ; la main a peine à retenir les objets les moins lourds. Si on ne soutenait la malade, elle trébucherait à chaque pas. L'appétit est capricieux, la défécation rare. Il y a même de l'hébétude, des caprices et une grande versatilité de caractère.

En général, ainsi que déjà nous en avons fait la remarque, nous préludons par un bain à l'eau dégourdie. Cette fois, dérogeant à notre habitude, nous avons administré d'emblée une douche en pluie d'une minute, sur tout le corps, avec de l'eau à 3°. Plongeant ensuite la malade dans une piscine où elle s'est agitée fortement pendant deux minutes, nous l'avons, à sa sortie, fait frictionner avec soin; elle a bu un plein verre d'eau, s'est habillée et promenée à grands pas jusqu'à réaction, c'est-à-dire environ une demi-heure.

Le soir, l'opération a été réitérée, et ainsi le matin et l'après-midi des jours suivants, du 17 septembre au 21, seulement en prolongeant par degrés la durée de la douche à deux minutes.

Le 22, marche plus ferme et plus régulière, peu de modification dans l'état des parties supérieures. Nous portons à trois minutes la durée de la piscine. En outre du verre d'eau après la douche, nous prescrivons quatre verres d'eau froide à boire dans la journée et une alimentation froide. Mademoiselle X... est soumise à des exercices gymnastiques destinés à contrebalancer l'influence du spasme morbibe. Abstention de vin. Aucun autre médicament.

Le 26, membres supérieurs moins. entravés, prononciation plus facile; le 27, elle tient son verre sans le renverser; le 28, elle fait au dehors une promenade sans que l'irrégularité de sa marche attire l'attention; le 30, enfin, il ne reste plus de trace de la maladie.

La médication a été continuée dix jours encore. Depuis lors le temps, loin de démentir, a confirmé la solidité de la cure.

DEUXIÈME OBSERVATION. — M. X..., pianiste, est déjà, à 15 ans, un compositeur distingué. Il est grand, maigre, chloro-anémique. Il nous fut adressé, le 5 août 1863, par un éminent confrère de Paris, M. Duchesne (de Boulogne), à qui la science est redevable des plus belles recherches sur les applications de l'électricité et tout récemment sur l'ataxie locomotrice. Ses parents, d'origine étrangère, sont sains et bien portants, ainsi que ses frères et sœurs, dont il est le huitième. Une croissance rapide et trop d'assiduité au travail semblent avoir déterminé l'affection, qui ne remonte point à moins de six mois. Peut-être faut-il y joindre quelques habitudes solitaires timidement avouées et le reliquat d'une syphilis que lui aurait transmise une charmante femme qui n'avait pas craint de l'initier, malgré sa jeunesse, aux plaisirs de l'amour.

Le visage est le siége d'un tic singulier. Les yeux vacillent incessamment dans leurs orbites; la tête s'incline par soubresauts de droite à gauche et de gauche à droite. Par suite de cette fréquente agitation, l'exercice du piano est impossible.

On débute, le 5 août au matin, par le lavage à l'eau dégourdie, 20°. Le soir, douche générale en plein à 10°, suivie du verre d'eau, des frictions et de la promenade.

Le 6, avant la douche, transpiration par l'étuve sèche; la douche dure deux minutes. Continuation du traitement jusqu'au 9; point d'amélioration sensible.

Le 10 et jours suivants, étuve sèche, puis, alternant de deux jours l'un, la douche en pluie et la piscine.

Le 11, face moins grimaçante; le 12, le mieux se généralise. M. X... peut travailler au piano. Ceux qui ont été témoins de ses mouvements désordonnés l'assurent qu'il n'en conserve aucun vestige. Sur son insistance formelle, nous sommes obligé de le laisser partir. Nous l'engageons à prendre les bains de mer, et il suit ce conseil.

Selon nos appréhensions, l'interruption prématurée de l'hydrothérapie pouvait occasionner une récidive. Ce pronostic ne s'est point vérifié. Lorsqu'au bout de quatre ou cinq mois nous revîmes M. X..., sa guérison ne s'était point démentie. En avait-il été de même des accidents syphilitiques? Nous n'oserions l'affirmer, bien que nous l'ayons mis à ce sujet en bonnes mains, l'ayant adressé à notre spirituel syphiliographe M. Ricord.

L'étuve sèche, opération assez compliquée, se donne ainsi : On fait asseoir le patient sur une chaise de paille; au dessous brûle une lampe à alcool portant 5 à 6 mèches ; en avant du siége est placé un tabouret pour reposer les pieds, autour du corps règne un cerceau que le malade tient lui-même à la hauteur des genoux. Une première couverture d'abord, une seconde ensuite, puis un drap enveloppent le tout, sauf la tête, que l'on a soin d'humecter de temps en temps. Sitôt que la chaleur commence à se faire sentir, on administre des gorgées d'eau que l'on fait succéder de minute en minute jusqu'à ce que la sudation soit tout à fait prononcée. La fenêtre doit rester à demi ouverte. Si l'on veut mesurer exactement le degré de chaleur, on suspend un thermomètre à l'un des barreaux de la chaise.

Notre conduite, différente dans ces deux cas, avait sa raison d'être. Dans le premier, le tempérament biliososanguin du sujet et l'aménorrhée, datant d'un mois, étaient pour nous une indication d'amener immédiatement la sédation par une perturbation générale. Aussi avons-nous fait marcher de pair, en prolongeant leur durée, la douche générale en pluie et la piscine. La concentration du sang vers la tête aux dépens des organes inférieurs a cédé par le rétablissement du libre mouvement circulatoire.

Chez le second malade, pâle et anémique, nous avons cru devoir, au contraire, associer à l'action tonique et sédative des douches et de la piscine un moyen propre à favoriser, par l'ouverture des pores cutanés, la transpiration suspendue; c'est l'étuve.

Le succès répondant, ici comme là, à notre attente, atteste la légitimité de notre double appréciation. Le *quando* et le *quomodo* jouent un grand rôle dans l'administration des remèdes. On voit, comme nous l'avons répété souvent, que l'hydrothérapie n'est point un aveugle empirisme.

Pouvons-nous, néanmoins, nous flatter d'avoir été toujours aussi heureux? Cette prétention serait exorbitante. Quand la névrose n'a pas trop vieilli, on peut compter sur une disparition certaine. M. X... a été promptement délivré, quoique sa chorée eût dix mois de date. Mais il y a des cas tellement invétérés que toutes les méthodes sont impuissantes. La piscine, est d'ailleurs, un élément dont l'indication est alors difficile à fixer. Il est tel choréique, ayant depuis huit à dix ans épuisé tous les médicaments imaginables, qui déserte, après un ou deux mois, attestant l'impuissance des applications hydrothérapiques. Un malade que nous avait envoyé M. Duchenne (de Boulogne) offrait depuis plus de douze ans des symptômes très-caractérisés : tout le corps était en mouvement. Au bout de six semaines, la marche était plus facile, l'appétit meilleur. On pouvait, avec le temps, espérer une amélioration relative ; il s'est ennuyé et nous a quitté.

De même d'une jeune fille de 22 ans qui, par les conseils de notre excellent confrère, M. Morpain, venait chaque jour au traitement comme externe. Son mal durait depuis 18 mois ; l'amendement, quoique notable, ne le fut pas assez à son gré ; elle cessa la médication au bout de deux mois.

En vérité, ces insuccès, si on peut les appeler ainsi, ne prouvent rien contre l'hydrothérapie, à l'égard de laquelle il faut la foi et la constance quand il s'agit de pareilles conditions. Becquerel, notre ami regretté, en avait judicieusement fait la remarque. Il pensait avec grande raison que, bien employée, l'hydrothérapie guérit la chorée ; c'était aussi l'avis de A. Legendre, pour qui les douches triomphent même des paralysies qui l'accompagnent. M. Dufay, notre confrère en la spécialité, la range également parmi les maladies justiciables de l'eau froide. Nous ne rejetons d'ailleurs nullement l'adjonction, fréquemment opportune, d'autres méthodes : ni la gymnastique, sur laquelle ont insisté Récamier, M. Blache et M. Sée, ni les bains sulfureux que ce dernier met en usage. M. Sée, notre maître et ami, partisan décidé de l'hydrothérapie, nous a confié plusieurs malades chez lesquels nous avons obtenu d'excellents résultats.

Aux circonstances qui précèdent nous n'ajouterons qu'une remarque. Ce qui atteste l'efficacité de l'eau froide c'est le rang qu'elle tend de plus en plus à prendre dans la thérapeutique générale, surtout dans celle des maladies nerveuses. L'engouement n'a point contribué à ce résultat ; l'hydrothérapie a eu, au contraire, à subir les préventions que suscite toute innovation ayant des apparences spéciales, elle est le fruit lent de l'expérience qui se généralise : il durera par cela même.

Paris. — Imp. Pillet fils aîné, rue des Grands-Augustins, 5.